FARNAZ Sadat FATTAHI

Nanocompósitos de poli(ácido lático)

AF123347

FARNAZ Sadat FATTAHI

Nanocompósitos de poli(ácido lático)

Produção, propriedades e aplicações

ScienciaScripts

Imprint

Any brand names and product names mentioned in this book are subject to trademark, brand or patent protection and are trademarks or registered trademarks of their respective holders. The use of brand names, product names, common names, trade names, product descriptions etc. even without a particular marking in this work is in no way to be construed to mean that such names may be regarded as unrestricted in respect of trademark and brand protection legislation and could thus be used by anyone.

Cover image: www.ingimage.com

This book is a translation from the original published under ISBN 978-620-6-78712-9.

Publisher:
Sciencia Scripts
is a trademark of
Dodo Books Indian Ocean Ltd. and OmniScriptum S.R.L publishing group

120 High Road, East Finchley, London, N2 9ED, United Kingdom
Str. Armeneasca 28/1, office 1, Chisinau MD-2012, Republic of Moldova, Europe
Printed at: see last page
ISBN: 978-620-7-23753-1

Copyright © FARNAZ Sadat FATTAHI
Copyright © 2024 Dodo Books Indian Ocean Ltd. and OmniScriptum S.R.L publishing group

QUADRO DE CONTEÚDOS

Resumo 3
Introdução 7
Nanocompósito de poli(ácido lático)/dióxido de titânio 22
Referências: 32

Resumo

As preocupações ambientais estão a levar as indústrias a utilizar materiais renováveis e de base biológica. Tem sido dedicado um interesse considerável ao poli(ácido lático) (PLA), uma vez que este polímero tem mostrado resultados promissores e excelentes em termos de propriedades mecânicas e ambientais. As propriedades do poli(ácido lático) podem ser melhoradas através da incorporação de nanoplaquetas, nanofibras, nanocristais e nanopartículas na matriz polimérica. O reforço do poli(ácido lático) utilizando estes métodos tem atraído mais investigadores com o objetivo de fabricar "nanocompósitos verdes" devido às suas extensas e potenciais aplicações. Este artigo analisa os recentes avanços na preparação, modificação, fabrico e propriedades dos nanocompósitos de poli(ácido lático).

PALAVRAS-CHAVE : Poli(ácido lático) , Nanocompósito , Nanofibra , Nanocristal , Nanopartícula .

Introdução

Nos últimos anos, a poluição ambiental grave acumulada nos aterros aumentou e loc Devido ào elevado consumo de plásticos e as flutuante custo dos m; o p o l i (ácido lático) (PLA), os poli(hidroxialcanoatos) (PHA) e os amido (TPS) recursos sustentáveis e que sejam totalmente compostáveis no final da sua vida útil tornou-se realidade com a utilização de poliésteres como o poli(ácido lático) [6, 7]. Trata-se de um material compostável, biodegradável e termoplástico, que cumpre as especificações das normas internacionais [8-10].

O poli(ácido lático) é um polímero termoplástico alifático linear fabricado a partir de recursos renováveis como o amido, o milho, o soro de leite, o sorgo doce, o trigo, a cevada, a beterraba sacarina e a cana-de-açúcar[11-13]1 , que são fermentados para produzir ácido lático (ácido 2-hidroxipropiónico) (Figura 1), que é depois polimerizado para fabricar o polímero através de um intermediário dimérico de lactido[14-16].

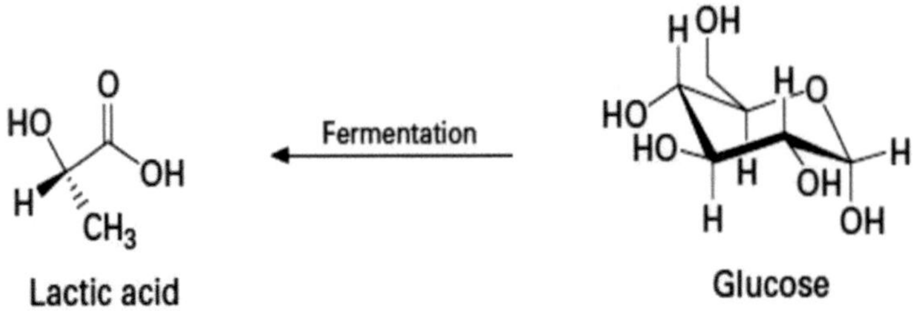

Figura 1-Produção de ácido lático a partir de recursos renováveis[17, 18].

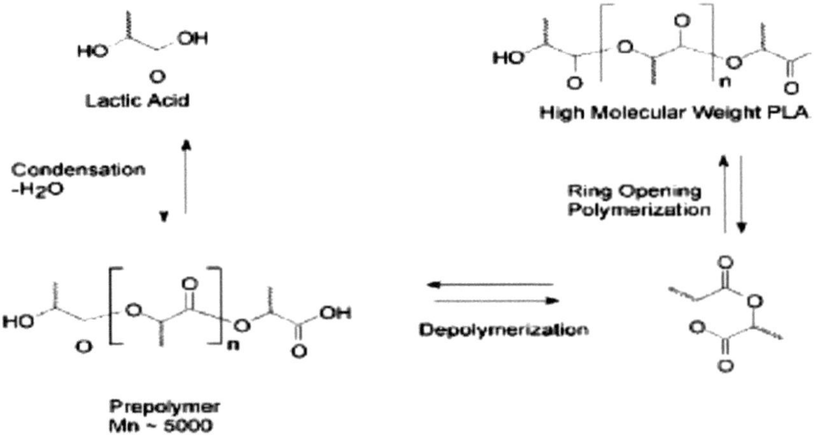

Fig. 2. Esquema da produção de PLA através de pré-polímero e lactídeo[19-21].

É suscetível de degradação enzimática e hidrolítica para formar ácido lático, um metabolito que ocorre naturalmente no corpo humano[22], pelo que o poli(ácido lático) é importante para a sua utilização relativamente recente em aplicações biomédicas e farmacêuticas, tais como suturas cirúrgicas, fixação óssea, substituição óssea[23] e depósitos para libertação de medicamentos a longo prazo[24-26].

As fibras, os fios e os tecidos produzidos a partir de poli(ácido lático) apresentam boas propriedades de transporte de humidade, o que é potencialmente de interesse significativo para aplicações em têxteis como vestuário, roupa interior e roupa desportiva[27]. Ingeo é o nome comercial dado às fibras de poli(ácido lático) [5, 28]. Algumas das empresas que produzem poli(ácido lático) comercial são NatureWorks LLC (marcas registadas do polímero e da fibra; NatureWorks® e Ingeo®, respetivamente), Kanebo Gohsen Ltd. (polímero e fibra de marca registada Lactron®)[29].

No entanto, as principais preocupações dos biopolímeros de poli(ácido lático) são as suas baixas propriedades mecânicas, físicas e térmicas, tais como a tenacidade, a resistência ao impacto, o alongamento, a resistência à fusão, a absorção de humidade, a estreita janela de processamento, a compatibilidade fibra-matriz e a elevada taxa de mortalidade, que levaram à sua utilização em diversas aplicações [22, 30-32].

As características inerentes de elevada fragilidade e rigidez do poli(ácido lático) são observadas à temperatura ambiente e abaixo dela (baixa temperatura de transição vítrea: 50- 60°C)[1, 33, 34].

Outro inconveniente relacionado com o poli(ácido lático) é a sua tendência para a degradação hidrolítica em condições de processamento por fusão na presença de humidade [31]. Além disso, o poli(ácido lático) tem um ponto de fusão baixo. O ponto de fusão típico do poli(ácido lático) é de cerca de 170° C. Exige temperaturas de processamento superiores a 185-190°C. A estas temperaturas, sabe-se que ocorrem reacções de descompactação e de cisão da cadeia que conduzem à perda de peso molecular, bem como degradações térmicas[35]. As aplicações bem sucedidas do poli(ácido lático) são geralmente limitadas devido a esta sensibilidade quando é necessária uma temperatura elevada[36].

Por outro lado, a degradação do poli(ácido lático) seria fortemente acelerada pela exposição aos raios UV[37, 38].

Foram sugeridas várias modificações, tais como a mistura com vários polímeros biodegradáveis e não biodegradáveis para preparar materiais flexíveis com aplicações generalizadas, a fim de melhorar as propriedades mecânicas da matriz virgem[1].

A melhoria da estabilidade térmica, das propriedades mecânicas e das propriedades de barreira torna-se possível através do enchimento do poli(ácido lático) com nanomateriais, como nanofibras de elevada resistência, nanoplaquetas, nanocristais e nanopartículas no polímero. Este facto conduz a nanocompósitos à base de poli(ácido lático) com nanoestruturas[34]. As nanopartículas são frequentemente adicionadas à matriz polimérica, especialmente para melhorar as propriedades mecânicas e de barreira. As nanopartículas de enchimento criam interfaces muito grandes com a matriz polimérica devido ao seu pequeno tamanho de partícula e à sua área superficial extremamente elevada[22, 39].

As abordagens nanotecnológicas estão a ser alargadas na ciência, especialmente na ciência dos materiais com elevados desempenhos e baixas concentrações e preços, pelo que se estima que esta categoria de nano-

investigação será revolucionária na ciência num futuro próximo. A ligação entre um material 100% de origem biológica e os nanomateriais abre novas perspectivas para nos tornarmos independentes, em primeiro lugar, dos polímeros de base petroquímica e, em segundo lugar, para dar resposta a preocupações ambientais e de saúde que, sem dúvida, irão aumentar com o tempo[9].1

O objetivo geral desta revisão é apresentar as propriedades e modificações dos nanocompósitos de poli(ácido lático). São também abordadas as aplicações de nanofibras, nanoplaquetas, nanocristais e nanopartículas em combinação com poli(ácido lático) para criar novos nanocompósitos de poli(ácido lático) com maiores capacidades.

Os biomateriais como o poli(ácido lático) são ativamente investigados na engenharia do tecido ósseo devido à sua natureza biocompatível, bio-reabsorvível e biodegradável bem caracterizada[40, 41].

Michael et al mostraram que com a adição de 30 wt% de nano-hidroxiapatite através da mistura por fusão, a estabilidade térmica do compósito melhorou em 4%. Também relataram o aumento das propriedades mecânicas do compósito com a adição de 30 wt% de nanoplacas de grafeno/nano-hidroxiapatite em 11% e 9% em comparação com o poli(ácido lático) puro e o compósito poli(ácido lático)/nano-hidroxiapatite[41].

Liu et al [42] combinaram o óxido de grafeno e a nanohidroxiapatite através da incorporação destes dois componentes activos no ácido poliláctico por electrospinning para formar estruturas de fibras nanocompósitas (Figura 1). A resistência à tração e o módulo de elasticidade do poli (ácido lático) electrospun aumentaram com a adição de 15 wt % de vareta de nanohidroxiapatite[42].

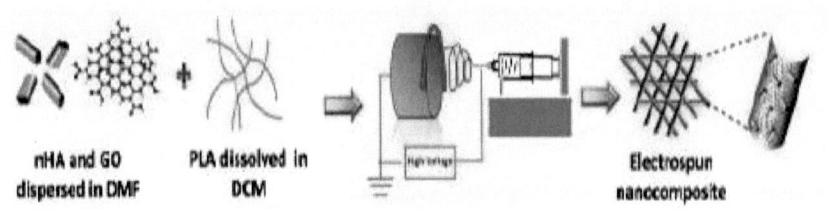

Figura2- Produção de nanocompósitos de Poli (Ácido Láctico) / Óxido de Grafeno / Nanohidroxiapatite[42].

Chieng et al [43] prepararam um novo nanocompósito de poli(ácido lático) plastificado através da mistura fundida do polímero com 5 % em massa de óleos de palma epoxidados e diferentes teores de nanoplaquetas de grafeno e mostraram que o aumento da quantidade de nanoplaquetas de grafeno desencadeia um aumento acentuado da estabilidade térmica. A incorporação de 0,3 % em massa de nanoplaquetas de grafeno no poli(ácido lático) plastificado resultou numa melhoria de até 26,5 % e 60,6 % na resistência à tração e no alongamento na rutura dos nanocompósitos, respetivamente.

A hidroxiapatite (Ca_{10} (PO $)_{46}$ $(OH)_2$) (HA) é o principal constituinte mineral da matriz óssea. O osso é composto por nanocompósitos orgânicos-inorgânicos [44]. Uma aplicação biomédica do poli(ácido lático) é a sua utilização como suporte sobre o qual se pode regenerar tecido vivo[25]. Foi desenvolvido um novo método através do qual o nanopó d e hidroxiapatite biocerâmica foi mantido em suspensão no biopolímero poli(ácido lático). O nanopó de hidroxiapatite foi eficazmente disperso em ácido hidroxiestérico (um surfactante) (HSA) e misturado homogeneamente com poli(ácido lático) (Figura 2)[45].

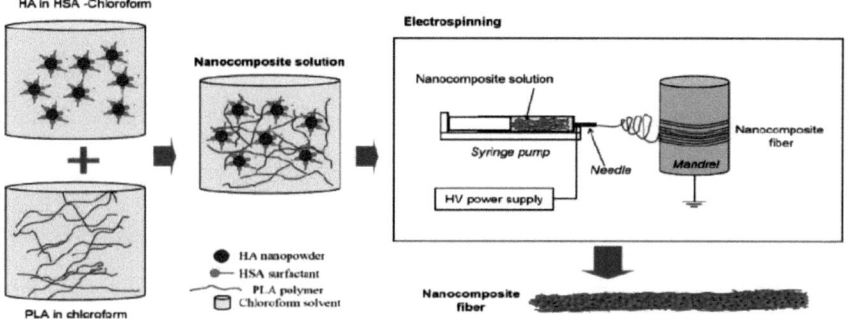

Figura 3. Esquema que mostra o desenho experimental da fibra de nanocompósito biomédico de poli(ácido lático)-hidroxiapatite mediado com o surfactante ácido hidroxiestérico através do processo de electrospinning[44].

Foram geradas nanofibras uniformes de poli(ácido lático) com diâmetros de 1-2 μm, que apresentavam uma estrutura nanocompósita bem desenvolvida de poli(ácido lático) disperso em nanopós de hidroxiapatite. As fibras nanocompósitas de poli(ácido lático)-hidroxiapatite são particularmente úteis em aplicações de engenharia de tecidos, como substratos tridimensionais para o crescimento ósseo[45].

Foram fabricadas nanofibras contendo 63%/37% de poli(ácido lático)/ poli(3-hexiltiofeno) (polímero semicondutor do tipo p) utilizando a técnica de electrospinning a baixa concentração de poli(ácido lático) (5% em peso) em CHCl3. As fibras tinham diâmetros da ordem dos 100 nm-4 μm e eram electroactivas, pelo que foram utilizadas para construir díodos. Ao fabricar díodos multifuncionais reutilizáveis e de baixo custo a partir de poli(ácido lático)/ poli(3-hexiltiofeno), as aplicações do poli(ácido lático) como polímero ecológico são alargadas à indústria eletrónica com baixo impacto ambiental[46].

Iwatake et al [47] estudaram as propriedades mecânicas do poli(ácido lático) / celulose microfibrilada (maioritariamente constituída por nanofibras). A celulose microfibrilada aumentou o módulo de Young e a resistência à tração do poli(ácido lático) em 40% e 25%, respetivamente, sem uma redução da tensão de cedência a um teor de fibra de 10% em peso.

Kowalczyk et al [48] afirmaram que, com a adição de 2 wt% de nanofibras de celulose ao poli (ácido lático), o módulo dos nanocompósitos era nitidamente superior ao do poli (ácido lático) puro e a resistência ao escoamento era melhorada especialmente a uma temperatura de 45°C, na qual era superior em 50% [48].

A utilização de poli(ácido lático) em embalagens de alimentos é limitada pela sua baixa resistência ao calor. A adição de nanofibras de celulose pode melhorar a cristalinidade e a rigidez do poli(ácido lático), tornando-o mais adequado para a embalagem. Frone et al
[49] estudaram o efeito combinado do recozimento e das nanofibras de celulose na estrutura cristalina do poli(ácido lático). Os resultados mostram uma maior cristalinidade após o recozimento, 59% em vez de 40% para o poli(ácido lático), 67% em vez de 48% para o nanocompósito, respetivamente.

Salmieri et al produziram películas nanocompósitas antimicrobianas contendo nanocristais de poli(ácido lático)/celulose através de moldagem por solvente, que são utilizadas em aplicações alimentares, e determinaram as suas propriedades microbiológicas e físico-químicas/estruturais. A análise demonstrou a forte capacidade antimicrobiana das películas de poli(ácido lático)/nanocristais de celulose - orégãos para aplicações de embalagem alimentar em produtos hortícolas[50].

Khoo et al [51] indicaram que os nanocristais de celulose (até 5wt%) são capazes de atuar como agente nucleante do poli (ácido lático), além disso, as temperaturas de decomposição dos nanocompósitos de poli (ácido lático)/nanocristais de celulose foram superiores às do poli (ácido lático) puro.

Para aumentar a compatibilidade entre o poli(ácido lático) hidrofóbico e a celulose hidrofílica, a superfície desta última pode ser modificada quimicamente[3]. Entre as várias modificações da superfície, o enxerto de oligómeros de ácido lático é de especial interesse. Foi demonstrado que uma modificação de 50% dos nanocristais de celulose com cadeias de oligómeros de ácido lático leva à expulsão do poli(ácido lático) da superfície dos nanocristais de celulose.

O polilactido é um polímero que pode ser utilizado na libertação controlada de fármacos, uma vez que é biodegradável e vários fármacos, como a vitamina E, podem ser facilmente absorvidos por ele[25].

[52] incorporaram vitamina E, nanopartículas de prata e poli (ácido lático) por electrospinning para formar nanocompósitos. Observou-se que o nanocompósito pode ser bastante aplicável em embalagens alimentares para frutos e sumos devido à área de superfície extremamente grande das nanofibras, juntamente com actividades antibacterianas e antioxidantes.

Fortunati et al[53] prepararam películas bionanocompósitas multifuncionais através da adição de nanocristais de celulose e nanopartículas de prata na matriz de poli (ácido lático) por extrusão por fusão seguida de um processo de formação de película. Afirmaram que os nanocristais de celulose combinados com nanopartículas de prata melhoram as propriedades térmicas e mecânicas do poli (ácido lático).

A propriedade antibacteriana da prata nano-estruturada é elevada devido ao seu efeito de dimensão, efeito de superfície e efeito de túnel quântico[54]. Uma atividade antibacteriana que sugere que estes novos nanocompósitos podem oferecer boas perspectivas para aplicações em embalagens de alimentos que requerem um efeito antibacteriano constante ao longo do tempo.

Buzarovska e Grozdanov[55] produziram nanocompósitos de poli(ácido L-lático)/dióxido de titânio (com vários teores de TiO_2 : 0,5, 1, 2, 5, e 10 wt %) através do método de fundição em solução.

A nano carga TiO_2 não tem influência significativa nas temperaturas características (T_g, T_c e T_m), mas tem um grande impacto na cristalinidade destes sistemas.

O grau de cristalinidade X_c aumenta significativamente para os nanocompósitos de poli(ácido L-lático) carregados com até 5 wt % de TiO_2, enquanto que para 10 wt % de carga de TiO_2 desce abaixo de X_c da resina pura.

A degradação dos compósitos preparados foi avaliada hidroliticamente em 1N NaOH, enzimaticamente em soluções de α-amilase e sob irradiação UV.

O efeito catalítico das nanopartículas de TiO_2 nos processos de degradação sob exposição à luz UV (λ = 365 nm) e na degradação hidrolítica foi confirmado com o aumento do teor de carga. O efeito oposto foi identificado em experiências de degradação enzimática.

Esta investigação aborda a avaliação morfológica, mecânica e antibacteriana de tapetes nanocompósitos baseados em nanofibras de poli(d,l-lactido) com diferentes concentrações de nanopartículas de óxido de zinco (nano-ZnO), que foram elaborados por duas técnicas, ou seja, electrospinning de soluções de polímero/ZnO e a combinação de electrospinning de soluções de polímero com electrospraying de dispersões de nano-ZnO[56]. O poli(ácido DL-lático) foi sintetizado por polimerização de abertura do anel de dilactídeo utilizando octoato estanoso como iniciador[24]. [A análise das soluções precursoras foi efectuada de forma a compreender a morfologia obtida das nanofibras[56]. Os tapetes fibrosos de poli(d,l-lactídeo)/ZnO obtidos apresentaram uma morfologia uniforme com uma porosidade média de cerca de 55% e um tamanho médio de poro de cerca de 45 µm. A presença de nanopartículas de ZnO aumentou a dureza dos tapetes, tendo sido observada uma concentração óptima de nano-ZnO (isto é, 3% em peso) na qual a resistência à tração e o módulo de Young podiam ser melhorados. No que respeita às propriedades antibacterianas, uma concentração relativamente baixa de nanopartículas provocou uma inibição do crescimento das bactérias Gram-negativas Escherichia coli e Gram-positivas Staphylococcus aureus. Os tapetes têm características potenciais para utilização como pensos antimicrobianos para feridas[56].

Dong et al [57] introduziram um novo método de formulação de materiais de nanocompósitos de ácido poliláctico/argila tubular por electrospinning.

Hanxiao et al [58] relataram o efeito do SiO_2 em nanocompósitos de poli(ácido lático)/nano sílica (SiO_2). Neste estudo, utilizou-se a modificação por enxerto de superfície através do enxerto de 3-Glicidoxipropiltrimetoxissilano na superfície das nanopartículas de sílica. Em seguida, as nanopartículas de sílica hidrofílicas tornaram-se hidrofóbicas e dispersaram-se homogeneamente na matriz de poli(ácido lático). Os resultados revelaram que a compatibilidade entre o poli(ácido lático) e o SiO_2 foi melhorada. Os testes mostraram que a nano-sílica teve um bom efeito na cristalização do poli(ácido lático). A análise mostrou um aumento da transparência do poli(ácido lático), o que teve grandes benefícios para a aplicação do poli(ácido lático). A estabilidade térmica, a resistência ao fogo e as propriedades mecânicas também foram melhoradas devido à adição de partículas de nano-sílica.

Foram preparados nanocompósitos ternários de poli(ácido lático)/etileno-co-vinil-acetato (PLA/EVA, 70:30) contendo concentrações variáveis (0,4-9,1 wt%) de nanotubos de halloysite através de composição por fusão[59].

O aumento do módulo de tração e da resistência ao impacto demonstrou os efeitos de reforço e de endurecimento da haloisite nos nanocompósitos, simultaneamente[59].

O comportamento de transição vítrea dos nanocompósitos apresenta fortes indícios a favor da interação de fases e do efeito de reforço da haloisite. O aumento da resistência à tração e do alongamento na rutura demonstrou o efeito de endurecimento da halloysite[59].

Shameli et al [60] investigaram as morfologias e as propriedades mecânicas dos nanocompósitos de poli (ácido lático)/argila preparados por técnicas de fundição em solução e de fusão.

[60].

As propriedades mecânicas dos nanocompósitos obtidos a partir da técnica de fusão foram superiores às obtidas pelo método de fundição em solução. Em ambos os casos, o alongamento de rotura e o módulo de Young mais elevados foram atingidos com um teor de 5 % em peso de octadecilamina-montmorilonite (ODA-MMT)[60]

Embora tenham sido consideradas várias estratégias para preparar nanocompósitos de polímero/silicato em camadas, as duas principais técnicas referidas na literatura são a moldagem e a mistura intensiva. A fundição produz a esfoliação do silicato em camadas individuais através da utilização de um solvente no qual o polímero é solúvel. Os silicatos em camadas podem ser facilmente dispersos pela presença do solvente, devido às forças fracas que empilham as camadas entre si. O polímero é então adsorvido nas folhas delaminadas e, quando o solvente é evaporado, as folhas voltam a juntar-se, juntando-se ao polímero para formar uma estrutura ordenada de várias camadas. Esta técnica tem sido amplamente utilizada com polímeros solúveis em água para produzir nanocompósitos intercalados[60]._[60]_

Neste trabalho, os nanocompósitos PLA/ODA-MMT foram preparados como uma estrutura esfoliada pelos métodos de moldagem em solução e de mistura por fusão. O teor ótimo de argila orgânica em ambos os métodos foi obtido a 5% porque o maior alongamento na rutura e o módulo de Young ocorreram com este teor. Além disso, as propriedades mecânicas das películas obtidas por mistura por fusão foram superiores às das películas obtidas por moldagem em solução. Além disso, a ausência de solventes, que pode produzir problemas ambientais, é uma vantagem para o método de mistura por fusão[60].

Os nanocompósitos de polímeros à base de poli(ácido lático) e silicatos em camadas organicamente modificados (organoqueima) foram preparados por mistura fundida num misturador interno[61].

A esfoliação da argila orgânica pode ser atribuída à interação entre a argila orgânica e as moléculas de poli(ácido lático) e à força de cisalhamento durante a mistura. As camadas esfoliadas de argila orgânica actuaram como agentes nucleantes a baixo teor e, à medida que o teor de argila orgânica aumentava, tornaram-se obstáculos físicos à mobilidade da cadeia de poli(ácido lático) [61].

Os módulos mecânicos dinâmicos térmicos dos nanocompósitos também foram melhorados pela esfoliação de organoclasto; no entanto, a melhoria foi reduzida com um teor elevado de organoclasto[61].

Os estudos reológicos dinâmicos mostram que os nanocompósitos têm uma viscosidade mais elevada e propriedades elásticas mais pronunciadas do que o poli(ácido lático) puro. Os módulos de armazenamento e de perda aumentaram com a carga de silicato em todas as frequências e apresentaram um comportamento não terminal a baixas frequências[61].

Os nanocompósitos e o poli(ácido lático) foram depois espumados utilizando a mistura de CO_2 e N_2 como agente de expansão num processo de espumação em lote. Em comparação com a espuma de poli(ácido lático), as espumas de nanocompósitos apresentaram um tamanho de célula reduzido e uma densidade celular aumentada com um teor muito baixo de argila orgânica. Com o aumento do teor de organoclasta, o tamanho das células diminuiu e tanto a densidade celular como a densidade da espuma aumentaram[61].

As propriedades termomecânicas, a morfologia e a permeabilidade ao gás dos híbridos preparados com três tipos de argilas orgânicas foram comparadas em pormenor. A hexadecilamina-montmorilonite (C16-MMT), o brometo de dodeciltrimetil amónio-montmorilonite e a Cloisite 25A foram utilizados como organoclastros na preparação de nanocompósitos[62].

A partir de estudos morfológicos utilizando microscopia eletrónica de transmissão, verificou-se que a maioria das camadas de argila se encontrava dispersa de forma homogénea na matriz polimérica, embora também tenham sido detectados alguns aglomerados ou partículas aglomeradas[62].

A temperatura de degradação inicial (com uma perda de peso de 2%) das películas híbridas de poli(ácido lático) com C16-MMT e Cloisite 25A diminuiu linearmente com o aumento da quantidade de organoqueima. Para as películas híbridas, as propriedades de tração aumentaram inicialmente, mas depois diminuíram com a introdução de mais da fase inorgânica[62].

Os valores de permeabilidade de O_2 para todos os híbridos para cargas de argila até 10 wt % foram inferiores a metade dos valores correspondentes para o poli(ácido lático) puro, independentemente da organoargila[62].

Os nanocompósitos de poli(ácido lático) (poli(ácido lático), nanoargila e nanocelulose) foram preparados reforçando o poli(ácido lático) puro com nanoargila disponível no mercado (Cloisite C30B) e nanocelulose, sob a forma de nanofibras de celulose parcialmente aceitiladas (CNFs) ou celulose nanocristalina[63].

Foram preparados compósitos com 1 ou 5 wt% de nanocelulose, em combinação com 1, 3 e 5 wt% de nanoargila, e as suas propriedades de barreira foram investigadas[63].

Verificou-se que a combinação de argila e nanocelulose resultou claramente num comportamento sinérgico em termos da taxa de transmissão de oxigénio (OTR) através de uma redução de até 90% na OTR e uma redução adicional na taxa de transmissão de vapor de água de até 76%[63].

Para além disso, as películas de nanocompósitos mostraram uma melhor resistência termomecânica e uma melhor cinética de cristalização, mantendo ao mesmo tempo uma elevada transparência da película. Este facto torna os nanocompósitos híbridos de poli(ácido lático)/CNF/C30B um material muito promissor para aplicações em embalagens de alimentos[63].

Nanocompósito de poli(ácido lático)/dióxido de titânio

A fiação por sopro em solução (SBS) é uma tecnologia recente para produzir micro e nanofibras de polímeros, incluindo nanocompósitos carregados com uma vasta gama de nanopartículas[64].

As fibras de nanocompósitos de poli(ácido lático)/dióxido de titânio anatase (TiO_2), com diferentes percentagens de TiO_2, foram produzidas pelo método SBS[64, 65].

Além disso, a degradação fotocatalítica do corante Rodamina B (RhB) e a degradação do poli(ácido lático) por lâmpadas UV-C foram investigadas. As micrografias SEM e TEM mostram que o método SBS produziu nanofibras de poli(ácido lático)/TiO2 com morfologia uniforme e sem grânulos[64].

As análises DSC e os padrões de difração de raios X mostram que a incorporação de nanopartículas de TiO_2 pode influenciar a cristalinidade do nanocompósito de poli(ácido lático). As experiências de degradação fotocatalítica do poli(ácido lático) demonstram que a perda de peso do polímero aumenta com o aumento do teor de TiO_2 [64].

Os presentes resultados indicam que o método SBS pode ser utilizado para produzir fibras nanocompósitas biodegradáveis com boas propriedades e potenciais aplicações[64].

Foram fabricadas nanofibras de poli(ácido lático) por electrospinning e, em seguida, foram preparados nanocompósitos à base de poli(ácido lático) acumulando o fármaco anticancerígeno daunorubicina em nanofibras de poli(ácido lático) combinadas com nanopartículas de TiO_2. Os estudos de microscopia de força atómica e de microscópio confocal de varrimento a laser demonstram que as respectivas moléculas de fármaco podem ser facilmente montadas na superfície das misturas de nano-TiO$_2$ com nanocompósitos de polímero de poli(ácido lático), o que pode facilitar ainda mais a permeação e a acumulação do fármaco nas células alvo da leucemia K562[66].

Além disso, os respectivos novos nanocompósitos têm boa biocompatibilidade, facilidade de modificação química da superfície e uma área de superfície muito elevada, o que pode permitir a

possibilidade da sua aplicação promissora nos domínios da farmacologia e da engenharia biomédica[66]

Foram fabricadas novas películas sopradas de nanocompósitos biodegradáveis à base de uma mistura compatibilizada de poli(ácido lático)-poli(adipato de butileno-co-tereftalato) para utilização como embalagem modelo para longan seco[67].

A caulinite carregada com prata (AgKT) dispersa na matriz polimérica de forma intercalada e esfoliada funciona como um excelente melhorador das propriedades da mistura. A ênfase deste artigo é a melhoria da propriedade de barreira à humidade da película através da indução da cristalização do polímero associada à formação de um caminho tortuoso de AgKT. Além disso, a libertação controlada de prata, que proporciona uma atividade antibacteriana a longo prazo, é atribuída à estrutura em camadas do AgKT[67].

A quantidade de iões de prata libertada aqui também está em conformidade com os níveis de migração especificados pela norma para embalagens de plástico em contacto com os alimentos[67].

O prazo de validade do longan seco, tal como previsto pela isotérmica de sorção de humidade experimental e pelo modelo de Peleg, é quase idêntico (308 dias) para as películas de nanocompósitos, sendo duas vezes superior ao obtido com a embalagem da mistura compatibilizada em condições ambientais[67]

A baixa taxa de cristalização do poli(ácido lático) limitou a sua aplicação em materiais de embalagem de alimentos. Os formiatos esféricos de nanocelulose (SCNFs) foram incorporados num poli(ácido lático), o que levou a um aumento significativo da taxa de cristalização e a melhorias óbvias do desempenho mecânico e da estabilidade térmica do poli(ácido lático) e a um nanocompósito verde fabricado[68].O nanocompósito com 10 wt% de SCNFs em comparação com o poli(ácido lático) puro, pode ser obtido 130% e 116% de melhorias para a resistência à tração e módulo de Young, respetivamente. A temperatura de degradação inicial (T_0) e a temperatura de degradação máxima (T_{max}) aumentaram 17,4 e 21,5°C devido à boa dispersabilidade do SCNF dentro da matriz de poli(ácido lático), à interação interfacial melhorada e à boa capacidade de cristalização do poli(ácido lático). Além disso, a adição de SCNFs melhorou as propriedades de barreira e de migração global do nanocompósito como potencial embalagem alimentar

O potencial dos compósitos condutores eléctricos de nanotubos de carbono de paredes múltiplas (MWCNT)/ poli(ácido lático) produzidos por mistura por fusão industrialmente viável é avaliado simultaneamente à influência dos MWCNT na resistência mecânica do compósito e na cristalinidade do polímero[69].

As observações mostraram que a mistura por fusão conseguiu uma distribuição efectiva e a individualização de nanotubos não modificados dentro da matriz polimérica. [69].

No entanto, como contrapartida da fraca adesão tubo/matriz, a resistência à tração foi reduzida. Com uma carga de 10 wt% de MWCNT, a resistência à tração foi 26% inferior à do poli(ácido lático) puro[69].

As medições indicaram que a cristalização do polímero após a moldagem por injeção não foi praticamente afetada pela presença de nanotubos e manteve-se em 15%[69].

Os compósitos resultantes tornaram-se condutores abaixo de 5 wt% de carga e atingiram condutividades de 51 S m-1 a 10 wt%, o que é comparável às condutividades relatadas para nanocompósitos semelhantes obtidos à escala laboratorial[69].

O poli(ácido lático) biodegradável tem sido utilizado numa vasta gama de aplicações, tais como embalagens de alimentos, engenharia doméstica, administração de medicamentos e engenharia de tecidos, devido à poluição ambiental cada vez mais grave e à diminuição dos recursos petrolíferos.

A incorporação de nano cargas na matriz de poli(ácido lático) oferece a oportunidade de desenvolver nanocompósitos com propriedades mecânicas, mecânicas dinâmicas, anti-UV e antibacterianas melhoradas[70].

O óxido de grafeno carregado com nanopartículas de ZnO (GO-ZnO) foi preparado e misturado com poli(ácido lático) através de um método de mistura em solução. Os ensaios de tração mostram que as películas preparadas de poli(ácido lático) / nanocompósito GO-ZnO têm uma maior resistência à tração em comparação com a película de poli(ácido lático) não reforçada[70].

Os resultados revelam um aumento significativo do módulo de armazenamento e da temperatura de transição vítrea (Tg) da película de nanocompósito. Além disso, os resultados dos ensaios mostram que as películas de nanocompósitos preparadas apresentam uma forte resistência ao ultravioleta e capacidade antimicrobiana com uma carga muito baixa de GO-ZnO[70].

Os resultados demonstram que estas novas películas de nanocompósitos com múltiplas propriedades (mecânicas, mecânicas dinâmicas, anti-UV e antibacterianas) podem ser um bom material candidato para embalagens antimicrobianas ou áreas anti-UV[70].

A quitina, tal como a celulose, é um material biodegradável e abundantemente renovável. As películas de bionanocompósitos preparadas com composição por fusão e sopro de película foram avaliadas para aplicações em embalagens[32].As películas de bionanocompósitos preparadas com composição por fusão e sopro de película foram avaliadas para aplicações em embalagens.

O masterbatch nanocompósito com 75 % em peso de ácido poliláctico (PLA), 5 % em peso de nanocristais de quitina (ChNCs)

e 20 wt.% de plastificante de triacetato de glicerol (GTA) foi fundido e depois diluído para 1 wt.% de ChNCs com

PLA e polibutileno adipato-co-tereftalato (PBAT) antes do sopro da película. Os resultados morfológicos, mecânicos,

As propriedades ópticas, térmicas e de barreira das películas de nanocompósitos sopradas foram estudadas e comparadas com as

material de referência sem ChNCs. A adição de 1 wt.% de ChNCs aumentou a resistência ao rasgamento em 175% e a

resistência à perfuração em 300%.

A adição de 1 wt.% de ChNCs aumentou a resistência ao rasgamento em 175% e a resistência à perfuração em 300%. Além disso, a pequena quantidade de nanocristais de quitina afectou a temperatura de transição vítrea (Tg), que aumentou 4 °C em comparação com o material de referência e aumentou ligeiramente o grau de cristalinidade das películas. O nanocompósito de quitina também apresentou uma menor atividade fúngica e uma menor atração eletrostática entre as superfícies da película, o que facilitou a abertura dos sacos de plástico. As propriedades ópticas e de barreira, bem como a degradação térmica das películas, não foram significativamente influenciadas pela adição de nanocristais de quitina.

M. Pilić et al [39] investigaram as propriedades de nanocompósitos de poli (ácido lático) com nanopartículas de sílica. Nanocompósitos com diferentes conteúdos de nanopartículas de sílica hidrofóbicas (0,2, 0,5, 1, 2, 3 e 5 wt.%) foram preparados através do método de fundição em solução. Nas micrografias SEM apresentadas na Figura 3, são detectadas nanopartículas

como pontos brancos e esféricos[39].

Os resultados do microscópio eletrónico de varrimento mostraram que a preparação do nanocompósito e a seleção de nanopartículas esféricas hidrofóbicas específicas proporcionam uma boa dispersão das nanopartículas de sílica na matriz de poli (ácido lático)[39].

As nanopartículas de sílica melhoraram as propriedades mecânicas, sendo a melhoria mais significativa observada para o teor de sílica mais baixo (0,2 wt.%). As propriedades de barreira foram melhoradas para todos os gases medidos em todas as cargas de nanopartículas de sílica[39].

(PLA)/Polibutileno adipato co-tereftalato (PBAT) e os seus nanocompósitos foram preparados utilizando a técnica de mistura por fusão. O metacrilato de glicidilo (GMA) foi utilizado como compatibilizador reativo para melhorar a interface entre o PLA e o PBAT. Os estudos mecânicos indicaram um aumento da resistência ao impacto e do módulo de tração da matriz de PLA com o aumento da carga de PBAT. A mistura PLA/PBAT preparada com um rácio de

75:25 apresentou uma resistência ao impacto óptima. Para além disso, a incorporação de GMA no

de 5 wt.% e nanoclay mostra um aumento da resistência ao impacto. As interpretações morfológicas através de SEM revelam uma melhor adesão interfacial entre a mistura PLA/PBAT na presença de GMA e nanoclay[1].

Os estudos de XRD indicaram um aumento do espaçamento d no nanocompósito de mistura PLA/PBAT/C20A, revelando assim uma morfologia intercalada. Os termogramas DSC e TGA também mostraram propriedades térmicas melhoradas em comparação com o PLA virgem. Os testes DMA revelaram um aumento do fator de amortecimento, confirmando a forte influência da mistura PLA/PBAT na presença de GMA e nanoargila [1].

Li at al [71] preparou películas de nanocompósitos de poli(ácido lático)/TiO_2 através de um método de mistura de soluções/filme fundido para aplicações de curta duração/utilização única ou de longa duração/duráveis e demonstrou que a fotodegradabilidade/fototoestabilidade do poli(ácido lático) podia ser bem modulada seleccionando nano cargas TiO_2 adequadas.O poli(ácido lático) puro apresentou uma fotodegradabilidade moderada, mas a fotodegradabilidade e a fotoestabilidade dos nanocompósitos de poli(ácido lático) foram significativamente melhoradas pelas nanopartículas de TiO_2.

O grafeno tem suscitado um interesse considerável, uma vez que este material tem apresentado resultados promissores e excelentes em termos de propriedades mecânicas e térmicas. Esta constatação tem atraído mais investigadores para a descoberta dos atributos do grafeno devido às suas extensas e potenciais aplicações. Este artigo analisou os recentes avanços na modificação do grafeno e no fabrico de nanocompósitos de ácido poliláctico/grafeno[72].

As diferentes técnicas utilizadas para preparar o grafeno, como a redução do óxido de grafeno e a deposição química de vapor, são discutidas brevemente. Descrevem-se as preparações de nanocompósitos de PLA/grafeno utilizando polimerização in situ, solução e mistura por fusão, e analisam-se as propriedades destes nanocompósitos. Devido às dificuldades em obter boas dispersões, as modificações dos nanomateriais têm sido as questões críticas que conduzem a excelentes propriedades mecânicas[72].[73]

O nanotubo de carbono de paredes múltiplas foi modificado com polimetacrilato de metilo (MWCNT-PMMA) por polimerização radicalar em solução in situ na presença de 2,2′-Azobis (isobutironitrilo) como iniciador.

Os produtos com diferentes adições de metacrilato de metilo (MMA) foram prensados em fatias para preparar amostras para ensaios de condutividade eléctrica. Verificou-se que os nanocompósitos MWCNT-PMMA demonstram uma excelente condutividade eléctrica[74].

Os compósitos de poli(ácido lático) com diferentes adições de metacrilato de metilo foram preparados com extrusão de rosca dupla e moldagem por injeção.

Os resultados mostram que as propriedades mecânicas mudaram um pouco com o aumento do conteúdo dos compósitos de metacrilato de metilo, o que sugere a boa compatibilidade entre nanotubos de carbono de paredes múltiplas modificados com compósitos de polimetacrilato de metilo e PLA[74].

Kumar et al [75] prepararam nanocompósitos condutores à base de nanotubos de carbono de paredes múltiplas (MWCNT) e poli(ácido lático) através da mistura de soluções para desenvolver sensores de compostos orgânicos voláteis.

Foi referido que Je et al [76] prepararam este nanocompósito através do método de fiação por sopro em solução. Foi demonstrado que é possível obter uma boa condutividade eléctrica e hidrofobicidade com baixos teores de nanotubos de carbono. Quando apenas 1 wt% de nanotubos de carbono foi adicionado ao poli(ácido lático) de baixa cristalinidade, a condutividade superficial dos compósitos aumentou de $5\times10^{(-8)}$ para 0,46 S/cm e a hidrofilicidade aumentou ligeiramente com o aumento do teor de nanotubos de carbono.

Além disso, Lin et al [77] prepararam o nanocompósito através da mistura por fusão e do processamento por prensagem a quente. Em primeiro lugar, foi adicionado álcool esteárilico aos MWCNTs tratados com ácido (MWCNT-COOH); este reagiu com o grupo carboxílico para formar MWCNT modificados com uma cadeia alquílica longa de 18 carbonos (MWCNT-C18). Os resultados mostram que os compósitos com a adição de 3 wt.% de MWCNT-C18 apresentaram um aumento do módulo de armazenamento a 40 °C de 77,4%. Os aumentos do módulo de perda à temperatura de transição vítrea foram de 43,8% e 75,6%, respetivamente[77].

A adaptação das propriedades dos polímeros naturais, tais como a condutividade eléctrica, é vital para alargar a gama de futuros

aplicações. Neste artigo, é avaliado o potencial de condução eléctrica de compósitos de nanotubos de carbono de paredes múltiplas (MWCNT)/ácido poliláctico (PLA) produzidos por mistura por fusão industrialmente viável simultaneamente à influência dos MWCNT na resistência mecânica do compósito e na cristalinidade do polímero. As observações de microscopia de força atómica mostraram que a mistura por fusão permitiu uma distribuição e individualização eficazes dos nanotubos não modificados na matriz polimérica[78].
No entanto, como contrapartida da fraca adesão entre o tubo e a matriz, a resistência à tração foi reduzida. Com uma carga de 10 wt% de MWCNT, a

resistência à tração foi 26% inferior à do PLA puro. As medições de calorimetria diferencial de varrimento indicaram que a cristalização do polímero após a moldagem por injeção quase não foi afetada pela presença de nanotubos e manteve-se em 15%. Os compósitos resultantes tornaram-se condutores abaixo de 5 wt%

e atingiu condutividades de 51 S m?1 a 10 wt%, o que é comparável às condutividades registadas para nanocompósitos semelhantes obtidos à escala laboratorial[78].

As propriedades de resistência aos UV do poli(ácido lático) têm de ser reforçadas para as suas aplicações diárias no exterior. Mucha et al [37] estudaram o efeito das partículas de nanoprata na degradação fotoquímica do poli(ácido lático) sob irradiação UV por espetroscopia FTIR e análise de calorimetria diferencial de varrimento (DSC). Misturaram o poli(ácido lático) com nanoalgas em solução e formaram um nanocompósito no estado sólido. A adição de carga melhorou a fotoestabilidade do poli(ácido lático). A fotodegradação do poli(ácido lático) com espécimes de Ag começa mais tarde (após um período de indução mais longo).

Referências:

[1] M. Kumar, S. K. N. S. Mohanty a, e M. R. Parvaiz, "Effect of glycidyl methacrylate (GMA) on the thermal, mechanical and morphological property of biodegradable PLA/PBAT blend and its nanocomposites," *Bioresource Technology* vol. 101, pp. 8406-8415, 2010.

[2] I.-H. Kim, S. C. Lee, e Y. G. Jeong, "Tensile Behavior and Structural Evolution of Poly(lactic acid) Monofilaments in Glass Transition Region," *Fibers and Polymers,* vol. 10, no. 5, pp. 687-693, 2009.

[3] A. D. Glova *et al.*, "Nanocompósitos à base de poli(ácido lático) preenchidos com nanocristais de celulose com superfície modificada: simulações de dinâmica molecular de todos os átomos", *Polymer International,* vol. 65, n.º 8, pp. 892-898, 2016, doi: 10.1002/pi.5102.

[4] C. Yokesahachart e R. Yoksan, "Effect of amphiphilic molecules on characteristics and tensile properties of thermoplastic starch and its blends with poly(lactic acid)," *Carbohydrate Polymers* vol. 83, pp. 22-31, 2011.

[5] F. S. Fattahi e S. A. Mousavi Shoushtari, "Nova abordagem para a nano-condicionamento assistido por ultravioleta/O3 da superfície de Ingeo™," *Nanochemistry Research,* vol. 7, n.º 2, pp. 62-67, 2022.

[6] M. Ferreira *et al.*, "MELHORIA DA HIDROFILIA DO PLA NÃO

TECIDO POR TRATAMENTO DE PLASMA".

[7] F.-s. Fattahi, "Evaluation of the Application of Polylactic Acid Bioactive Scafolds in Reconsructive Medicine," *Basparesh,* vol. 11, no. 4, pp. 16-30, 2022.

[8] E. Rudnik e D. Briassoulis, "Degradation behaviourofpoly(lacticacid)filmsandfibresinsoilunder Mediterranean fieldconditionsandlaboratorysimulationstesting," *IndustrialCropsandProducts,* 2011.

[9] M. Jamshidian, E. A. Tehrany, M. Imran, M. Jacquot, e S. Desobry, "Poly-Lactic Acid: Production, Applications, Nanocomposites, and Release Studies", *Comprehensive Reviews in Food Science and Food Safety,* vol. 9, no. 5, pp. 552-571, 2010, doi: 10.1111/j.1541- 4337.2010.00126.x.

[10] F. Fattahi, "Análise quantitativa da espetroscopia de infravermelho por transformada de Fourier (FTIR) de poli (ácido lático) após irradiação UV / Ozona", *J. Text. Sci. Technol,* vol. 8, pp. 47-55, 2019.

[11] L. E. Scheyer e A. Chiweshe, "Application and Performance of Disperse Dyes on Polylactic Acid (PLA) Fabric," *AATCC,* pp. 44-48, 2001.

[12] NobuhikoYasuda, YanWang, TakayukiTsukegi, YoshihitoShirai, e HaruoNishid, "Quantitative evaluation of photodegradation and racemization of poly(L-lactic acid) under UV-C irradiation," *Polymer*

DegradationandStability, vol. 95, pp. 1238-1243, 2010.

[13] F.-s. Fattahi e T. Zamani, "Hemocompatibility poly (lactic acid) nanostructures: A bird's eye view," *Nanomedicine Journal,* vol. 7, no. 4, 2020.

[14] I. Drivas, R. S. Blackburn, e C. M. Rayner, "Natural anthraquinonoid colorants as platform chemicals in the synthesis of sustainable disperse dyes for polyesters," *Dyes and Pigments 88 () 7e17,* vol. 88, pp. 7-17, 2011.

[15] F. Fattahi, "Poly (Lactic Acid) Nanoparticles: A Promising Hope to Overcome the Cancers," (Uma esperança promissora para vencer os cancros)
Jornal de Ciências Biomédicas Avançadas, 2022.

[16] F. Fattahi, "Poly (lactic acid) nano-structures for cartilage regeneration and joint repair: Strategies and ideas," *Recent Trends Nanosci. Technol,* vol. 1, pp. 1-19, 2020.

[17] D. W. F. A. R. R. I. N. G. T. N, S. D. A. I. E. S. J L U N T, e R. S. B. L. A. C. K. B. U. RN, "Poly(lactic
(ácido fosfórico)," *Biodegradable and sustainable fibres,* pp. 191-220.

[18] F. Fattahi, "A Comparative Study on the Environmental Friendly Bleaching Processes of Poly (lactic acid) Substrate: Application of Ultraviolet/O3/H2O2 System," *Progress in Color, Colorants and Coatings,* vol. 15, no. 2, pp. 143-156, 2022.

[19] R. E. Drumright, P. R. Gruber, e D. E. Henton, "Polylactic Acid

Technology," *Adv. Mater.*, vol. 12, no. 23, 2000.

[20] F. Fattahii, "Biocompatible Gelatin Nanofibers as Potential Anticancer Drug Delivery Systems","
Current Research in Medical Sciences, vol. 6, n.º 1, pp. 25-33, 2022.

[21] F. S. Fattahi e T. Zamani, "Synthesis of polylactic acid nanoparticles for the novel biomedical applications: a scientific perspective," *Nanochemistry Research,* vol. 5, no. 1, pp. 1-13, 2020.

[22] X. Chen, Y. Li e N. Gu, "Um novo compósito de ácido poliláctico reforçado com fibras de basalto para reparação de tecidos duros", *Biomed. Mater* vol. 5, 2010.

[23] F.-s. Fattahi, A. Khoddami e O. Avinc, "Nanofibras de poli (ácido lático) (PLA) para engenharia de tecido ósseo", *Journal of Textiles and Polymers,* vol. 7, n.º 2, pp. 47-64, 2019.

[24] U. SIEMANN, "THE SOLUBILITY PARAMETER OF POLY(DL-LACTIC ACID)," *Eur. Polym. J.,* vol. 28, no. 3, pp. 293-297, 1992.

[25] D. Karst e Y. Yang, "Method for predicting sorption of small drug molecules onto polylactide," (Método de previsão da sorção de pequenas moléculas de fármacos em polilactida)
Journal of Biomedical Materials Research Part A, pp. 255-263, 2007.

[26] K. Sawada, H. Urakawa e M. Ueda, "Modification of Polylactic Acid Fiber with Enzymatic Treatment," *Textile Research Journal,* vol. 77, n.º 11, pp. 901-905, 2007.

[27] F. S. Fattahi, A. Khoddami e H. Izadan, "Uma revisão sobre o

acabamento de produtos têxteis com poli (ácido lático): tratamento com plasma, irradiação UV/zona, fabrico de superfícies super-hidrofóbicas e tratamento enzimático", *Journal of Apparel and Textile Science and Technology,* vol. 18, pp. 19-26, 2017.

[28] D. Phillips *et al.*, "Influência de diferentes processos de preparação e tingimento na resistência física do componente de fibra Ingeo† numa mistura de fibra Ingeo/algodão. Parte 1: Decapagem seguida de tingimento com corantes dispersos e reactivos," *Color. Technol.*, vol. 120, pp. 35-40, 2004.

[29] F. S. Fattahi, A. Khoddami e H. Izadian, "Revisão sobre a produção, propriedades e aplicações de fibras de poli (ácido lático)", *Journal of Textile Science and Technology,* vol. 5, n.º 1, pp. 11-17, 2015.

[30] K. Oksmana, M. Skrifvars, e J.-F. Selin, "Natural fibres as reinforcement in polylactic acid (PLA) composites," *Composites Science and Technology* vol. 63, pp. 1317-1324, 2003.

[31] S. Virtanen, L. Wikström, K. Immonen, U. Anttila, e E. Retulainen, "Compósitos de ácido poliláctico (PLA) reforçados com pasta kraft de celulose: efeito do teor de humidade das fibras," *AIMS Materials Science,* vol. 3, no. 3, pp. 756-769, 2016, doi: http://dx.doi.org/10.3934/matersci.2016.3.756.

[32] N. Herrera *et al.*, "Filmes soprados funcionalizados de nanocompósito plastificado de ácido poliláctico/quitina: Preparação e caraterização", *Materials & Design,* vol. 92, pp. 846-852, 2016.

[33] M. Niaounakis, E. Kontou, e M. Xanthis, "Effects of Aging on the Thermomechanical Properties of Poly(lactic acid)," *Journal of Applied Polymer Science,*, vol. 119, pp. 472-481, 2011.

[34] M. Pluta, "Morphology and properties of polylactide modified by thermal treatment, filling with layered silicates and plasticization," *Polymer* vol. 45, pp. 8239-8251, 2004.

[35] D. Garlotta, "A Literature Review of Poly(Lactic Acid)," *Journal of Polymers and the Environment*

vol. 9, no. 2, pp. 63-85, 2001.

[36] A. Khoddami, O. Avinc e s. Mallakpour, "A novel durable hydrophobic surface coating of poly(lactic acid) fabric by pulsed plasma polymerization," *Progress in Organic Coatings* vol. 67, pp. 311-316, 2010.

[37] M. Mucha, S. Bialas, e H. Kaczmarek, "Effect of nanosilver on the photodegradation of poly(lactic acid)," *Journal of Applied Polymer Science,* vol. 131, no. 8, pp. n/a-n/a, 2014, doi: 10.1002/app.40144.

[38] F. Fattahi, "A Comprehensive Study on the Kinetics and Thermodynamic Aspects of CI Acid Red 1 Dyeing on Wool", *Iranian Journal of Chemical Engineering (IJChE),* vol. 19, n.º 1, pp. 33-50, 2022.

[39] B. M. Pilić *et al.*, "Nanopartículas de sílica hidrofóbicas como enchimento de reforço para matriz de polímero de poli (ácido lático)", *Hem. Ind.*, vol. 70, no. 1, pp. 73-80, 2016.

[40] J.-P. Chen e C.-H. Su, "Surface modification of electrospun PLLA nanofibers by plasma treatment and cationized gelatin immobilization for cartilage tissue engineering," *Ata Biomaterialia* vol. 7, pp. 234-243, 2011.

[41] F. M. Michael, M. Khalid, E. Hoque e C. T. Ratnam, "PLA/GNP/NHA: Aplicação de ácido poliláctico reforçado com nanoplacas de grafeno e híbridos de nanohidroxiapatite em implantes ósseos de suporte de carga," *5th International Conference on Nanotek & Expo, San Antonio, EUA,* 2015, 16-18 de novembro, doi: 10.4172/2157-7439.C1.025.

[42] C. Liu, H. M. Wong, K. W. K. Yeung e S. C. N. Tjong, "Novel Electrospun Polylactic Acid Nanocomposite Fiber Mats with Hybrid Graphene Oxide and Nanohydroxyapatite Reinforcements Having Enhanced Biocompatibility," *Polymers,* vol. 8, pp. 287-294, 2016.

[43] B. W. Chieng, N. A. Ibrahim, W. M. Z. Wan Yunus, M. Z. Hussein, e Y. Y. Loo, "Effect of graphene nanoplatelets as nanofiller in plasticized poly(lactic acid) nanocomposites," *Journal of Thermal Analysis and Calorimetry, journal* article vol. 118, no. 3, pp. 1551-1559, 2014, doi: 10.1007/s10973-014-4084-9.

[44] H.-W. Kim, H.-H. Lee, e J. C. Knowles, "Electrospinning biomedical nanocomposite fibers of hydroxyapaite/poly(lactic acid) for bone regeneration," *Journal of Biomedical Materials Research Part A,* pp. 643-650, 2006.

[45] H.-W. Kim, H.-H. Lee, e J. C. Knowles, "Electrospinning biomedical nanocomposite fibers of hydroxyapatite/poly(lactic acid) for bone regeneration," *Journal of Biomedical Materials Research Part A,* vol. 79A, no. 3, pp. 643-649, 2006, doi: 10.1002/jbm.a.30866.

[46] W. Serrano, A. Meléndez, I. Ramos, e N. J. Pinto, "Poly(lactic acid)/poly(3-hexylthiophene) composite nanofiber fabrication for electronic applications," *Polymer International,* vol. 65, no. 5, pp. 503-507, 2016, doi: 10.1002/pi.5081.

[47] A. Iwatake, M. Nogi, e H. Yano, "Cellulose nanofiber-reinforced polylactic acid," *Composites Science and Technology,* vol. 68, no. 9, pp. 2103-2106, 2008, doi: http://dx.doi.org/10.1016/j.compscitech.2008.03.006.

[48] M. Kowalczyk, E. Piorkowsk, P. Kulpinski, e M. Pracella, "Mechanical and thermal properties of PLA composites with cellulose nanofibers and standard size fibers," *Composites Part A: Applied Science and Manufacturing,* vol. 42, no. 10, pp. 1509-1514, 2011.

[49] A. N. Frone *et al.*, "The effect of cellulose nanofibers on the crystallinity and nanostructure of poly(lactic acid) composites," *Journal of Materials Science,* artigo de jornal vol. 51, n.º 21, pp. 9771-9791, 2016, doi: 10.1007/s10853-016-0212-1.

[50] S. Salmieri *et al.*, "Antimicrobial nanocomposite films made of poly(lactic acid)-cellulose nanocrystals (PLA-CNC) in food applications-part B: effect of oregano essential oil release on the

inactivation of Listeria monocytogenes in mixed vegetables," *Cellulose,* journal article vol. 21, no. 6, pp. 4271-4285, 2014, doi: 10.1007/s10570-014-0406-0.

[51] R. Z. Khoo, H. Ismail, e W. S. Chow, "Thermal and Morphological Properties of Poly (Lactic Acid)/Nanocellulose Nanocomposites," *Procedia Chemistry,* vol. 19, pp. 788-794, 2016/01/01 2016, doi: http://dx.doi.org/10.1016/j.proche.2016.03.086.

[52] B. S. Munteanu, Z. Aytac, e G. M. Pricope, "Polylactic acid (PLA)/Silver-NP/VitaminE bionanocomposite electrospun nanofibers with antibacterial and antioxidant activity," *Journal of Nanoparticle Research,* vol. 16, pp. 2643-2649, 2014.

[53] E. Fortunati *et al.*, "Multifunctional bionanocomposite films of poly(lactic acid), cellulose nanocrystals and silver nanoparticles," *Carbohydrate Polymers,* vol. 87, no. 2, pp. 1596-1605, 2012.

[54] H. Wang, Q. Wei, X. Wang, W. Gao e X. Zhao, "Antibacterial Properties of PLA Nonwoven Medical Dressings Coated with Nanostructured Silver," *Fibers and Polymers* vol. 9, no. 5, pp. 556-560, 2008.

[55] A. Buzarovska e A. Grozdanov, "Biodegradable poly(L-lactic acid)/TiO2 nanocomposites: Thermal properties and degradation," *Journal of Applied Polymer Science,* vol. 123, no. 4, pp. 2187-2193, 2012, doi: 10.1002/app.34729.

[56] H. Rodríguez-Tobías, G. Morales, A. Ledezma, J. Romero, e D. Grande, "Novel antibacterial electrospun mats based on poly(d,l-

lactide) nanofibers and zinc oxide nanoparticles," *Journal of Materials Science, journal* article vol. 49, no. 24, pp. 8373-8385, 2014, doi: 10.1007/s10853-014- 8547-y.

[57] Y. Dong, D. Chaudhary, H. Haroosh, e T. Bickford, "Development and characterisation of novel electrospun polylactic acid/tubular clay nanocomposites," *Journal of Materials Science,* artigo de jornal vol. 46, n.º 18, pp. 6148-6153, 2011, doi: 10.1007/s10853-011-5605-6.

[58] H. Lv, S. Song, S. Sun, L. Ren e H. Zhang, "Propriedades melhoradas do poli(ácido lático) com nanopartículas de sílica", *Polymers for Advanced Technologies,* vol. 27, n.º 9, pp. 1156-1163, 2016, doi: 10.1002/pat.3777.

[59] R. K. Singla, S. N. Maiti, e A. K. Ghosh, "Mechanical, morphological, and solid-state viscoelastic responses of poly(lactic acid)/ethylene-co-vinyl-acetate super-tough blend reinforced with halloysite nanotubes," *Journal of Materials Science, journal* article vol. 51, no. 22, pp. 10278- 10292, 2016, doi: 10.1007/s10853-016-0255-3.

[60] K. SHAMELI, H. H. Z. ZAKARIAa, M. B. AHMAD, S. E. MOHAMAD, M. F. M. NORDIN, e K. IWAMOTO, "NANOCOMPOSITES DE LIGA DE POLI (ÁCIDO LÁCTICO)/ORGANOCLAY: ESTRUTURAL, MECHANICAL AND MICROSTRUCTURAL PROPERTIES," *Digest Journal of Nanomaterials and Biostructures,* vol. 10, no. 1, pp. 323 - 329,

2015.

[61] Y. Di, S. Iannace, E. D. maio, e L. Nicolais, "Poly(lactic acid)/organoclay nanocomposites: Thermal, rheological properties and foam processing," *Journal of Polymer Science Part B: Polymer Physics,* vol. 43, no. 6, pp. 689-698, 2005, doi: 10.1002/polb.20366.

[62] J.-H. Chang, Y. U. An e G. S. Sur, "Poly(lactic acid) nanocomposites with various organoclays. I. Thermomechanical properties, morphology, and gas permeability," *Journal of Polymer Science Part B: Polymer Physics,* vol. 41, no. 1, pp. 94-103, 2003, doi: 10.1002/polb.10349.

[63] J. Trifol, D. Plackett, C. Sillard, P. Szabo, J. Bras e A. E. Daugaard, "Hybrid poly(lactic acid)/nanocellulose/nanoclay composites with synergistically enhanced barrier properties and improved thermomechanical resistance", *Polymer International,* vol. 65, n.º 8, pp. 988-995, 2016, doi: 10.1002/pi.5154.

[64] R. G. F. Costa, G. S. Brichi, C. Ribeiro, and L. H. C. Mattoso, "Nanocomposite fibers of poly(lactic acid)/titanium dioxide prepared by solution blow spinning," *Polymer Bulletin,* vol. 73, no. 12, pp. 2973-2985, 2016.

[65] C. Man *et al.*, "Compósitos de poli (ácido látic0)/dióxido de titânio: Preparação e desempenho sob irradiação ultravioleta," *Polymer Degradation and Stability,* vol. 97 no. 6, pp. 856-862, 2012.

[66] C. C1 *et al.*, "Nanocompósitos à base de poli(ácido látic0) (PLA) - uma nova forma de libertação de fármacos".

Biomed Mater., vol. 2, no. 4, 2007.

[67] S. Girdthep, P. Worajittiphon, R. Molloy, S. Lumyong, T. Leejarkpai e W. Punyodom, "Películas sopradas de nanocompósitos biodegradáveis à base de poli(ácido lático) contendo caulinite carregada com prata: A route to controlling moisture barrier roperty and silver ion release with a prediction of extended shelf life of dried longan," *Polymer,* vol. 55, no. 26, pp. 6776-6788, 2014.

[68] F. Lu, H. Yu, C. Yan e J. Yao, "Filmes de nanocompósitos de ácido poliláctico com nanoceluloses esféricas como agentes de nucleação eficientes: efeitos na cristalização, propriedades mecânicas e térmicas", *RSC Advances,* 10.1039/C6RA02768G vol. 6, no. 51, pp. 46008-46018, 2016, doi: 10.1039/c6ra02768g.

[69] P. Rivière *et al.*, "Unmodified multi-wall carbon nanotubes in polylactic acid for electrically conductive injection-moulded composites," *Journal of Thermoplastic Composite Materials,* 23 de maio de 2016 2016, doi: 10.1177/0892705716649651.

[70] Y. Huang *et al.*, "Poly(lactic acid)/graphene oxide-ZnO nanocomposite films with good mechanical, dynamic mechanical, anti-UV and antibacterial properties," *Journal of Chemical Technology & Biotechnology,* vol. 90, no. 9, pp. 1677-1684, 2015, doi: 10.1002/jctb.4476.

[71] Y. Li, C. Chen, J. Li, e X. Susan Sun, "Photoactivity of Poly(lactic acid) nanocomposites modulated by TiO2 nanofillers," *Journal of Applied Polymer Science,* vol. 131, no. 10, pp. n/a-n/a, 2014, doi:

10.1002/app.40241.

[72] H. Norazlina e Y. Kamal, "Graphene modifications in polylactic acid nanocomposites: a review," *Polymer Bulletin,* journal article vol. 72, no. 4, pp. 931-961, 2015, doi: 10.1007/s00289- 015-1308-5.

[73] M. Pluta, "Morphology and properties of polylactide modified by thermal treatment, filling with layered silicates and plasticization," *Polymer* vol. 45, pp. 8239-8251, 2004.

[74] X. Wu, J. Qiu, W. Zhang, L. Zang, E. Sakai, e P. Liu, "Synthesizing multi-walled carbon nanotube-polymethyl methacrylate conductive composites and poly(lactic acid) based composites," *Polymer Composites,* vol. 37, no. 2, pp. 503-511, 2016, doi: 10.1002/pc.23206.

[75] B. Kumar, M. Castro, e J. F. Feller, "Poly(lactic acid)-multi-wall carbon nanotube conductive biopolymer nanocomposite vapour sensors," *Sensors and Actuators B: Chemical,* vol. 161 no. 1, pp. 621-628, 2012.

[76] O. JE, Z. V, M. LH, e M. ES, "Nanotubos de carbono de paredes múltiplas e membranas fibrosas de nanocompósitos de poli (ácido lático) preparadas por fiação por sopro de solução.", *J Nanosci Nanotechnol,* vol. 12, no. 3, pp. 2733-41, 2012.

[77] W.-Y. Lin, Y.-F. Shih, C.-H. Lin, C.-C. Lee, e Y.-H. Yu, "The preparation of multi-walled carbon nanotube/poly(lactic acid) composites with excellent conductivity," *Journal of the Taiwan*

Institute of Chemical Engineers, vol. 44 no. 3, pp. 489-496, 2013.

[78] P. Rivière1 *et al.*, "Unmodified multi-wall carbon nanotubes in polylactic acid for electrically conductive injection-moulded composites," *Journal of Thermoplastic Composite Materials* 2016, doi: 10.1177/0892705716649651.

I want morebooks!

Buy your books fast and straightforward online - at one of world's fastest growing online book stores! Environmentally sound due to Print-on-Demand technologies.

Buy your books online at
www.morebooks.shop

Compre os seus livros mais rápido e diretamente na internet, em uma das livrarias on-line com o maior crescimento no mundo! Produção que protege o meio ambiente através das tecnologias de impressão sob demanda.

Compre os seus livros on-line em
www.morebooks.shop

info@omniscriptum.com
www.omniscriptum.com

Printed by Books on Demand GmbH, Norderstedt / Germany